农村美好环境与幸福生活共同缔造系列技术指南

农村生活垃圾小型处理设施建设指南

住房和城乡建设部村镇建设司　组织
何品晶　邵立明　吕　凡　章　骅　编写

中国建筑工业出版社

图书在版编目（CIP）数据

农村生活垃圾小型处理设施建设指南 / 住房和城乡建设部村镇建设司组织 . —北京：中国建筑工业出版社，2018.12
（农村美好环境与幸福生活共同缔造系列技术指南）
ISBN 978-7-112-22944-4

Ⅰ.①农… Ⅱ.①住… Ⅲ.①农村—生活废物—垃圾处理厂—基础设施建设—指南 Ⅳ.①X799.305-62

中国版本图书馆CIP数据核字（2018）第259903号

总 策 划：尚春明
责任编辑：石枫华 李 明 李 杰 朱晓瑜
责任校对：芦欣甜

农村美好环境与幸福生活共同缔造系列技术指南
农村生活垃圾小型处理设施建设指南
住房和城乡建设部村镇建设司 组织
何品晶 邵立明 吕 凡 章 骅 编写
*
中国建筑工业出版社出版、发行（北京海淀三里河路9号）
各地新华书店、建筑书店经销
北京点击世代文化传媒有限公司制版
北京富诚彩色印刷有限公司印刷
*
开本：850×1168 毫米 1/32 印张：1½ 字数：28 千字
2019 年 3 月第一版 2019 年 3 月第一次印刷
定价：18.00 元
ISBN 978-7-112-22944-4
（33043）

丛书编委会

前　言

改善农村人居环境，建设美丽宜居乡村，是实施乡村振兴战略的一项重要任务。推行适合农村特点的垃圾就地分类和资源化利用方式，提升农村生活垃圾治理整体水平，是改善村容村貌的重要措施和农村人居环境整治工作的重要内容。

为加强农村生活垃圾收运和处理基础设施建设，防止生活垃圾污染环境、充分利用生活垃圾资源，特编写《农村生活垃圾小型处理设施建设指南》。本书适用于农村新建、扩建和改建生活垃圾收集和处理设施，可供农村各级基层管理者、技术人员和普通村民学习参考，指导和引导建设农村美好环境和幸福生活。

一 农村生活垃圾治理方法

（一）农村生活垃圾治理的必要性

1. 农村生活垃圾的危害

农村生活垃圾具有总量多、人均少、分布分散、成分较复杂的特点。农村地区生活垃圾如不能有效收集和处理，大量垃圾堆放不仅占用大面积土地，还会产生各类衍生污染，严重破坏农村空气、水体和土壤环境，孳生蚊、蝇、鼠、蟑等，威胁着人民群众的身心健康。

垃圾堆放侵占良田

垃圾堆放污染河道

2. 农村生活垃圾治理的效益

妥善处理农村生活垃圾，有助于改善目前农村垃圾堆放所造成脏、乱、差现象，保证居民的身心健康，助力“美丽乡村”建设。与此同时，分类收集还有助于垃圾的资源化利用，变废为宝，使垃圾治理体现更高的经济效益。

生活垃圾妥善处理的美好乡村环境

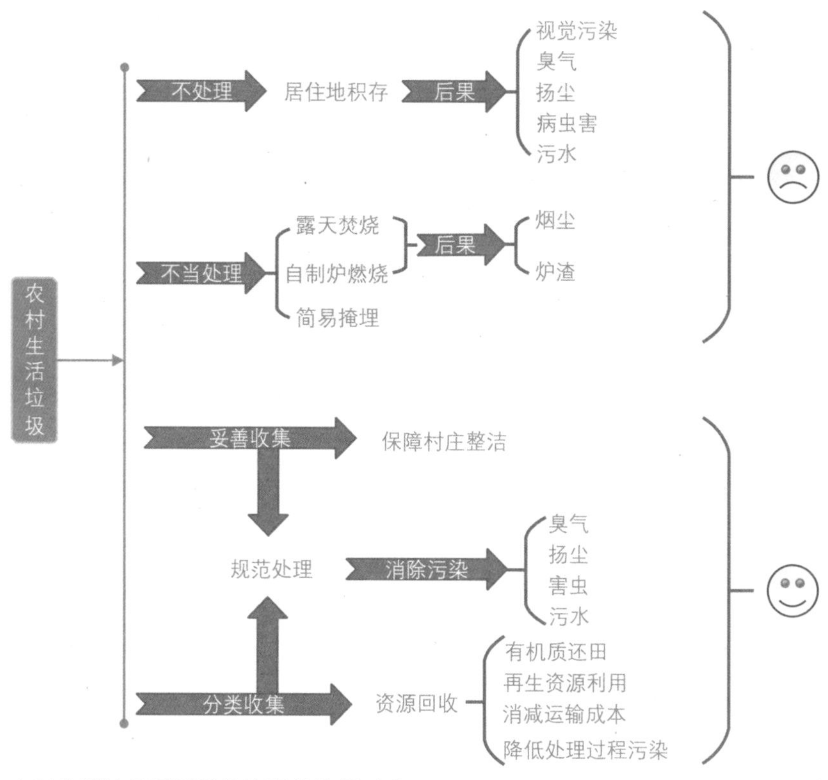

农村生活垃圾是否妥善治理的效果对比

混放是垃圾，分类成资源

（二）认识农村生活垃圾

1 农村生活垃圾来源、分类和主要组分

农村生活垃圾来源主要有 4 大类：居民生活、乡村旅游、农村基建、农村加工。

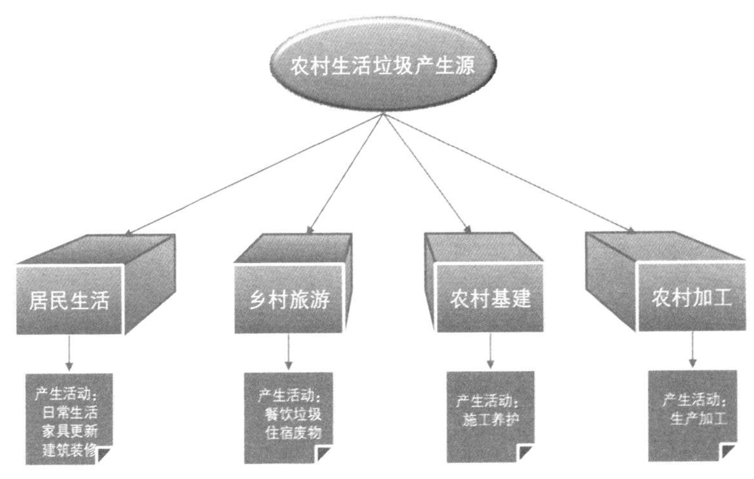

农村生活垃圾产生源

按照管理和处理技术要求，生活垃圾一般可细分为5类，即可卖垃圾、可烂垃圾、煤渣灰土、有害垃圾及其他垃圾。农村应结合处理条件实际，确定具体分类及各类包含的组分种类。

（1）可卖垃圾（可回收类）

是指在农村具有一定经济价值的垃圾，以当地废品回收系统或人员是否接纳为标准，通常称为“废品”，如废纸、废旧电器、废旧家具、废旧金属、废塑料、废玻璃等。

（2）可烂垃圾（易腐类）

是指可腐烂降解的垃圾，如剩菜剩饭、果皮菜叶、枯枝败叶等。

（3）煤渣灰土

指农村居民家庭烧煤取暖、做饭产生的煤渣以及清扫室内、庭院、街巷产生的灰土。

（4）有害垃圾

是指农村居民日常生活中产生的、具有较强环境风险的垃圾，主要是灯具、油漆及容皿、涂料及容皿、药品、农药及容皿、气雾剂及容皿、燃料及容皿、废弃电子产品等。

（5）其他垃圾

是指不能归入上述分类的垃圾，如纸尿片、厕纸、烟蒂等。注意，一些可卖垃圾如当地废品回收系统或人员不再回收，也可归入其他垃圾。

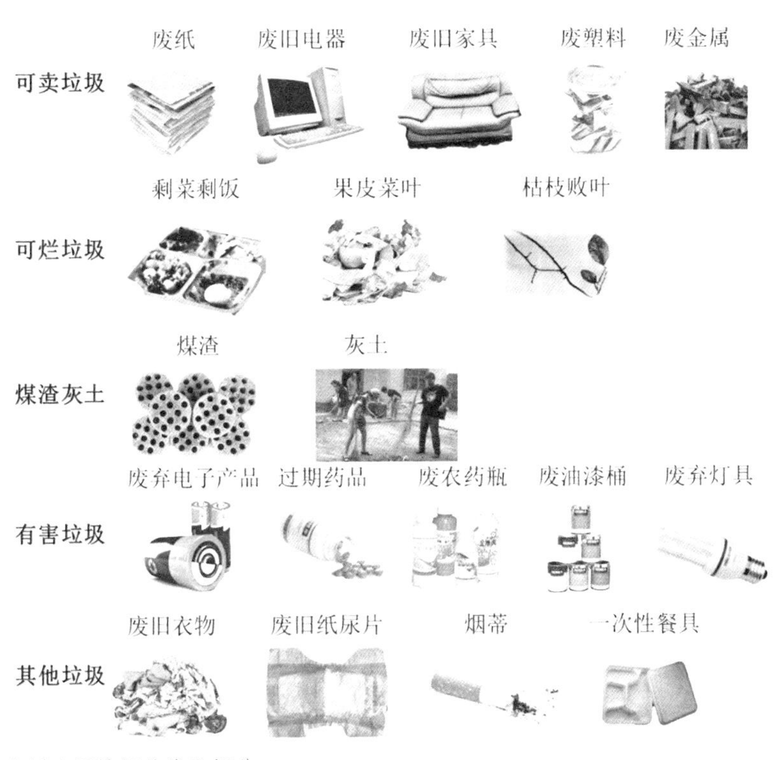

农村生活垃圾分类和组分

对于以上不同来源，不同组成的垃圾，需要不同的收集处理方法来实现合理的处理，具体如下：

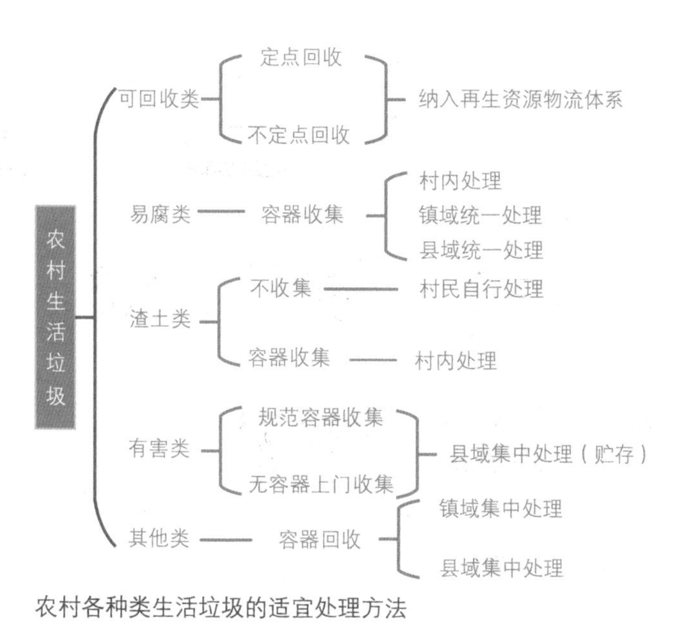

农村各种类生活垃圾的适宜处理方法

2. 农村生活垃圾产生量和季节变化

我国农村居民人均生活垃圾产生量约0.76kg/d，农村生活垃圾的人均产量随着季节有一定的波动，一般夏秋季人均产生量较大，冬春季产生量较低；不同地域的农村生活垃圾产生量也有较大差异，家庭养殖对食品垃圾的利用、北方冬季取暖燃料渣是影响地域生活垃圾产生量的主要减量和增量因素。

我国不同地区农村生活垃圾产生密度

地区	农村生活垃圾产生密度
东南沿海	50 ~ 200t /（km^2・a）
中部和川渝地区	30 ~ 100t /（km^2・a）
西南、华北、东北南部	10 ~ 50t /（km^2・a）

（三）农村生活垃圾治理的方法

1. 分类收集和处理原则

农村生活垃圾分类、收集、运输、处理和处置的目标是实现处理减量化、资源化和无害化目标，促进农村社会、经济和环境的协调、可持续发展，保护农村生态环境，改善村民居住环境。整个过程应按规划先行，城乡统筹的原则，做到因地制宜，建管并重，政府引导，公众参与，部门联动，协调推进。同时还应贯彻执行环境保护、资源节约、节能减排、劳动保护、水土保持和安全卫生等有关规定。具体原则如下：

（1）因地制宜

推行分类收集、资源化利用和处理不能简单照搬、照抄其他地方经验，必须和当地农民生活方式、农业生产方式相结合。

例如，以传统农业生产为主的农村，可烂垃圾可以就地消纳；城镇周边非农产业为主的农村，生活垃圾可纳入城市生活垃圾分类和收集处理系统；取暖或做饭燃煤用量大的农村，可单独分出煤渣灰土。

（2）去向可确定

分类收集后垃圾最终去向（处理途径）要明确，以此确定具体分类种类和收运方法。

（3）农民可接受

分类种类以 3 ~ 5 类为宜，分类方法要简单方便，让绝大多数农民易于学习、易于记忆、易于实施。

（4）费用可承受

开展分类和资源化利用所需的收运和处理总费用，要在当地政府和农民群众可承受范围内。

（5）管理可持续

必须坚持不懈做好宣传教育和日常管理，坚决避免“一阵风”。

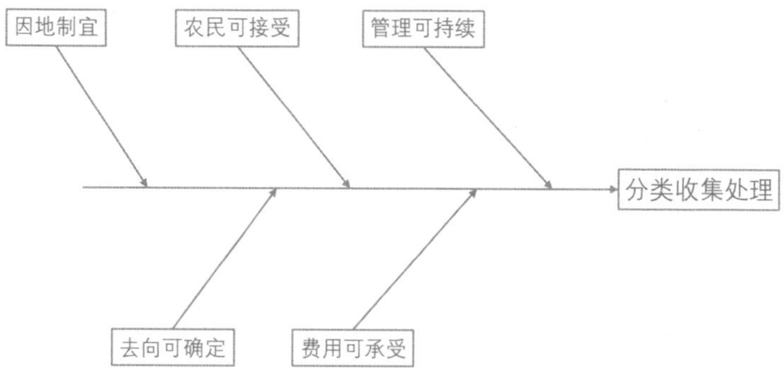

农村生活垃圾处理分类收集和处理原则

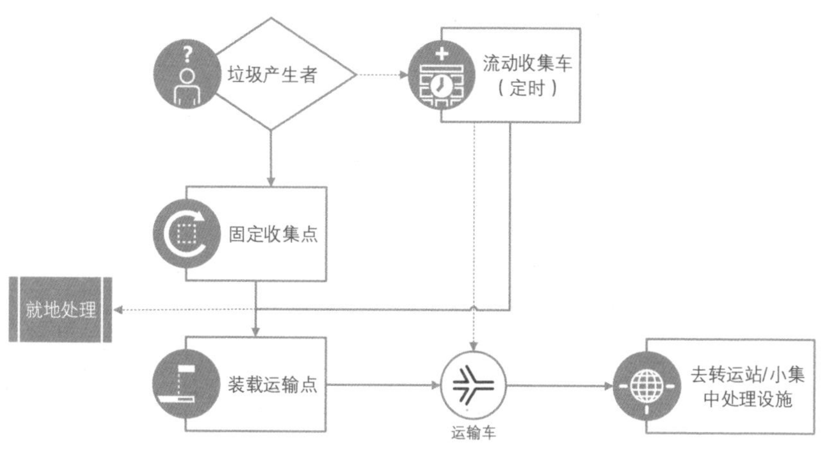

农村生活垃圾收运流程

2. 个体处理环节构成收集

农村生活垃圾收集宜采取“家庭初分，保洁员再分”的两级分类方式。收集设施选型应尽量选择便于分类、分拣和运输的收集装置，促进就地减量，降低运输成本。

家庭分类容器

农村生活垃圾分类收集点

（1）运输

农村生活垃圾运输由农村内收集点至装载点（或就地处理点）的收运、装载点至镇转运站的清运 2 个环节构成；距转运站 5 公里以内的农村也可从收集点直接收运至转运站。

农村生活垃圾清运车

（2）处理和处置

农村生活垃圾处理方式包括农村就地处理和运输转运后集中处理处置2类。适合就地处理的垃圾组分为易腐类和渣土类；集中处理处置可适合各类组分的主流技术方法为焚烧和填埋。

生活垃圾集中填埋场

生活垃圾集中焚烧厂

3. 配套环节

针对农村中再生资源回收、生活源有害垃圾、建筑和农村工业废物等分流处置的需要，农村应配套再生资源回收设施，有害垃圾、建筑和农村工业废物分流暂存场所、并配套处理和利用途径。

再生资源回收

建筑垃圾处理场

4. 农村生活垃圾治理的基本条件

（1）有完备的设施设备

农村生活垃圾治理及再生资源的收集、转运、处理设施应配套完备，数量符合要求，运行正常。

（2）有成熟的治理技术

农村生活垃圾治理应建立符合农村实际的收集、转运和处理技术模式。处理工艺不存在严重的二次污染，无露天焚烧和无防渗措施的堆埋。

（3）有稳定的保洁队伍

普遍建立农村保洁制度，农村保洁人员数量应满足要求，队伍较为稳定。

（4）有完善的监管制度

省、市、县3级已建立领导亲自抓、多部门参与、目标明确、责任清晰的组织领导体系和考核机制；各级政府或相关部门制定了相关规划或实施方案；农民群众对农村生活垃圾治理的满意率达90%以上。

（5）有长效的资金保障

建立省级农村生活垃圾治理经费保障机制。因地制宜通过财政补助、社会帮扶、村镇自筹、村民适当缴费等方式筹集运行维护资金。在农村生活垃圾处理价格、收费未到位的情况下，地方政府应安排经费支出，确保长效运行维护。

（四）农村生活垃圾治理的模式

1. 城乡一体化

城乡一体化的处理模式也称“村收集、镇转运、县处理”运作模式，优点是县处理设施规模较大，易于达到较高的处理水平；缺点是可在农村就地处理和利用的垃圾也集中到县以上处理，运输过程成本高，浪费集中处理资源。

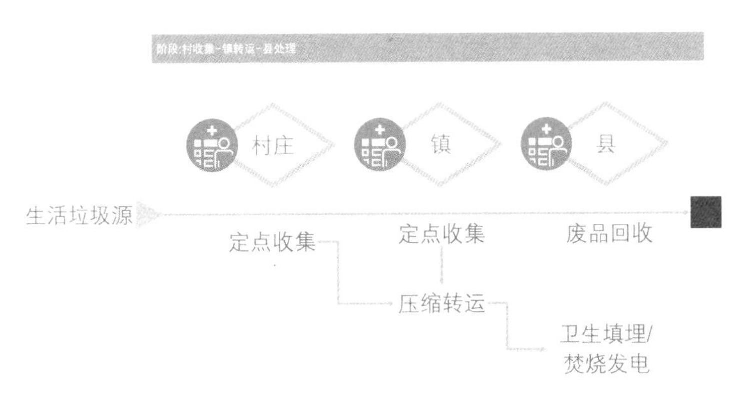

城乡一体化处理模式

2. 城乡协同

特征为城乡生活垃圾二元协同治理，前提是生活垃圾分类收集和处理。优点是城乡处理资源合理匹配，垃圾运输和集中处理量和成本有效控制，资源充分利用。但是，农村生活垃圾分类管理的要求高，需要村民和干部的全力配合和投入。

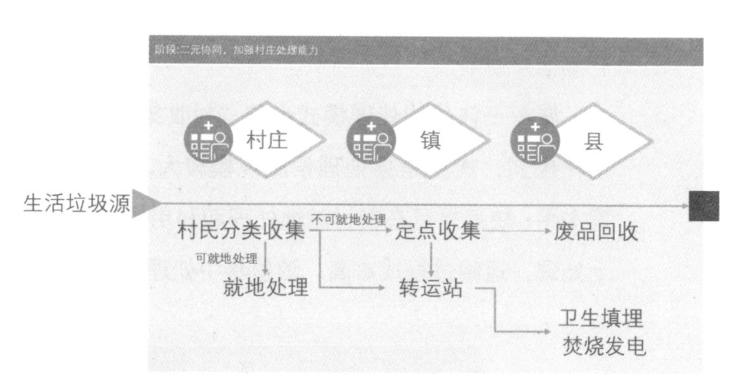

城乡协同处理模式

3. 农村全量就地处理

特征为农村自行处理各类垃圾，包括村民自行处理和农村收集后就地处理 2 种方式。优点是基本没有运输环节，处理总成本较低；缺点是村民或农村处理的技术水平较低，处理的无害化水平难以保障。

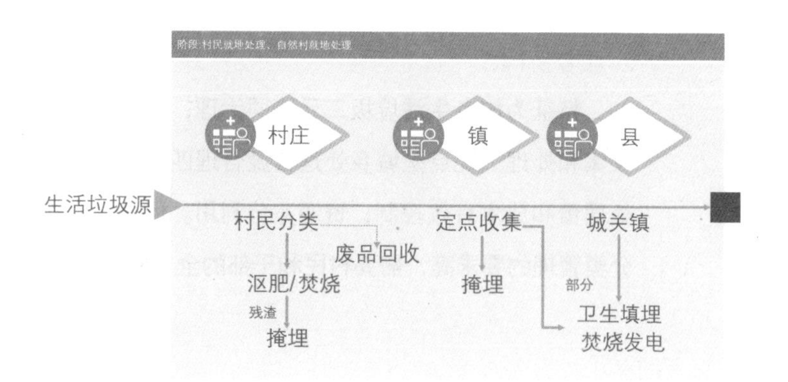

农村就地处理模式

二 农村生活垃圾收集设施

（一）分（单）户收集设施

农村生活垃圾收集设施应采用与收集方法匹配的方式配置。

农村生活垃圾收集方法主要有分（单）户收集和多户收集2类，分户收集时，各户配置容器分类收集指定类别垃圾，农村收集人员定时上门收运至农村装载点或处理点；多户收集时，农村根据农户居住位置配置多户收集点和容器，各户将垃圾分类后，分别倾倒指定容器，农村收集人员定时到收集点收运至农村装载点或处理点。定时收集频率有每日收集（日产日清）和非每日收集两类。

是否采用日产日清收集，主要考虑垃圾中有无可烂垃圾，对于有可烂垃圾的类别，应该采用日产日清收集，没有非可烂垃圾的类别，一般无需日产日清。

分（单）户收集的优点是，公共区域垃圾收集点少，收集点污染影响小，还可以按户考核分类质量；缺点是，收集点多、收运工作量大。多户收集的优缺点则与分户收集反之。

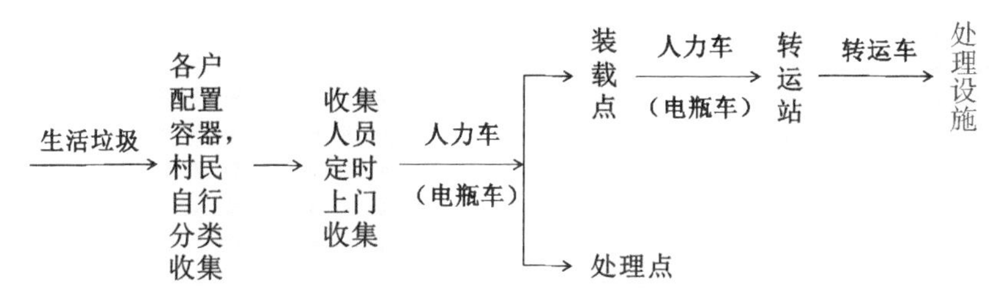

农村生活垃圾分户收集

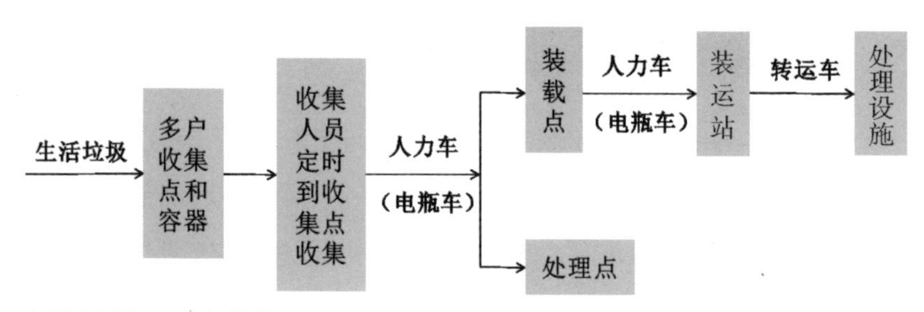

农村生活垃圾多户收集

1. 可卖垃圾

可在农户家中暂存，不用单设户用收集容器。无需日产日清。

农户家中暂存可卖垃圾

2. 可烂垃圾

一些地区可烂垃圾由农户自行处理，如喂养畜禽、家庭堆肥等可不用集中收运。不能自行处理的，可按分户或多户的收集方式，分别设置户用或多户连用收集容器。

可烂垃圾喂养畜禽

分户收集桶

2 煤渣灰土

若每户煤渣灰土较少，农户可在庭院或周边田头自行处理无需收集；没有自行处理条件时，可以在村中设置若干公用收集桶（使用铁质材料，避免使用塑料等可燃材料桶）实现密闭收集，无需日产日清。

煤渣灰土收集桶

3 有害垃圾

可在农户家暂存，在村组中设置若干公用的收集桶实现密闭收集，无需日产日清。

有害垃圾收集桶

5. 其他垃圾

可按分户或多户的收集方式，分别设置户用或多户共用收集容器。其他垃圾应实现密闭收集，一般也无需日产日清。

（二）多户收集设施

多户收集设施可采用移动容器组、集装箱式容器或可密闭固定构筑物，单个设施的服务半径一般不超过 50m。

其中，容器类收集设施易于保洁和实现机械化清运，应优先采用。

容器组

联户收集池

密闭集装箱容器

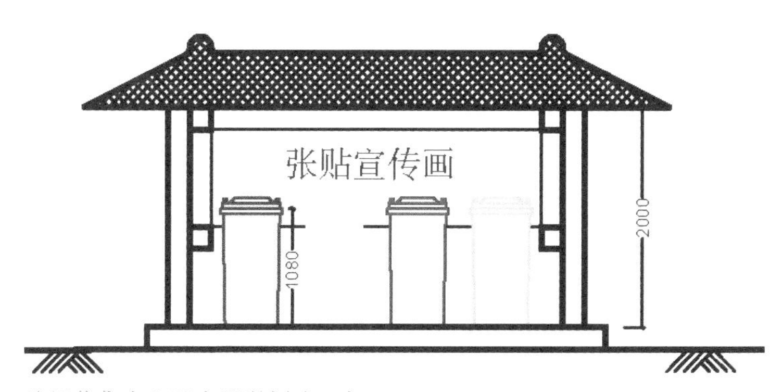

垃圾收集点立面布置举例（一）

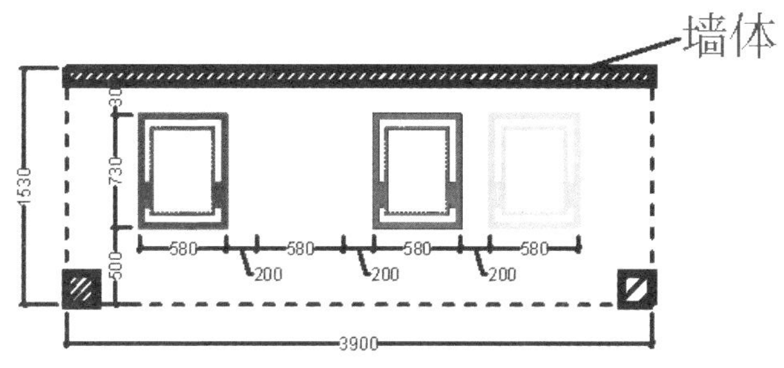

垃圾收集点平面布置举例（二）

（三）运输装载点

也称垃圾收集站，用于单个或多个自然村（组）范围收集的生活垃圾，在运输前暂存。

装载点应设置于公路沿线，便于机械装运。可采用移动容器、集装箱容器或构筑物形式。其中，容器类收集设施易于保洁和实现机械化清运，应优先采用。

农村生活垃圾运输装载点

（四）转运站

转运站用于集中镇、乡范围内需外运处理处置的农村生活垃圾，转载至大型车辆外运。

1. 非压缩式转运站

相较于压缩式转运站而言，非压缩式转运站的建设成本较低，运行较简单，但没有压缩垃圾体积的功能。

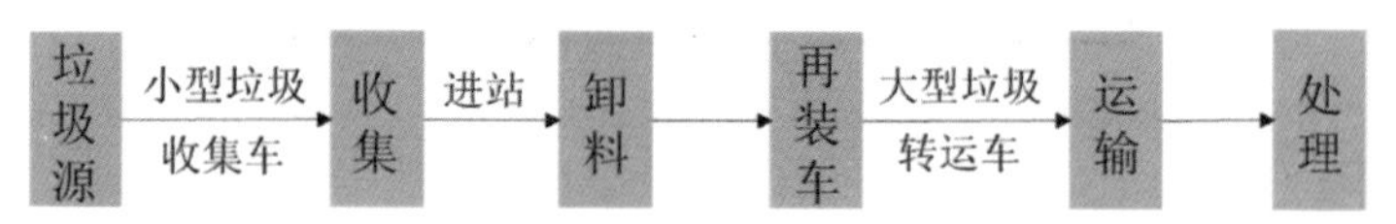

非压缩式转运站工艺流程

2. 压缩式转运站

压缩工艺一般有两种，一是压块装箱，二是压入装箱。压缩转运站可以大大减小垃圾的体积，进而提高后续的运输效率。

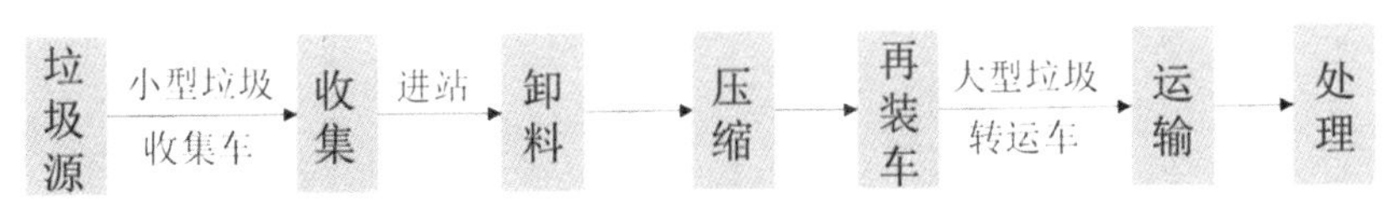

压缩式转运站工艺流程

压缩式转运站

垃圾转运站参考占地

		占地面积（m^2）	服务人口（人）
单箱位	压缩式	20～30	10000
	非压缩式	20～30	5000
双箱位	压缩式	50～60	20000
	非压缩式	50～60	10000

注：以 5t 专用垃圾集装箱为例。

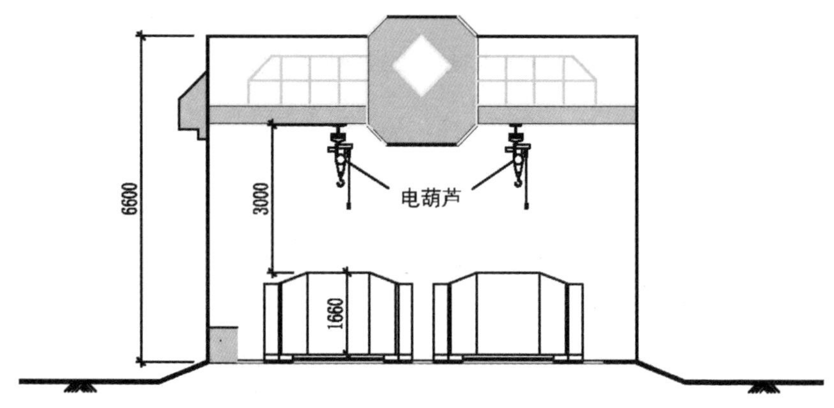

垃圾转运站立面布置举例（一）

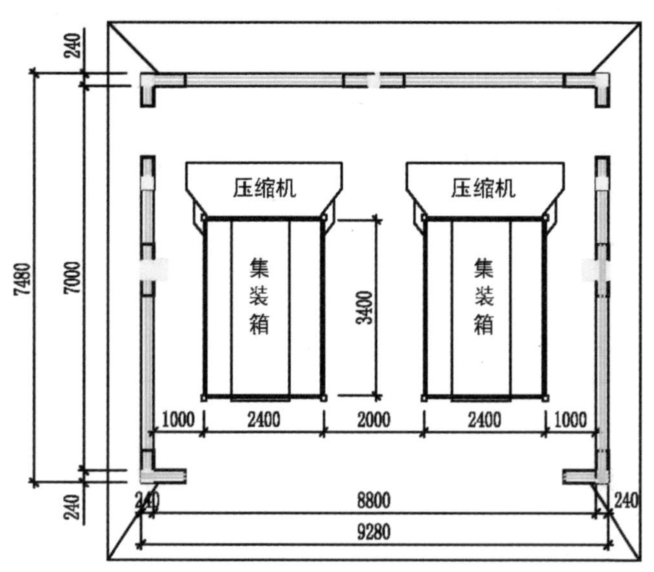

垃圾转运站平面布置举例（二）

（五）再生资源回收站

可卖垃圾由当地供销社或资源回收企业负责处理，农村可建立资源回收点用以统一管理、暂时储存，县级可设置集中再生资源回收站。

可采用一村一点的形式，以半径按照辐射半径 3km 或人口 1500 ~ 2000 户 / 个的标准设立回收点。

回收点的建筑、设计、外部装修要与社区环境相符，采用绿色环保轻型建筑材料进行全封闭处理，建筑面积大于 $10m^2$。县级资源回收站建筑面积大于 $100m^2$。

回收点应有相对立的收购区和分存放区，分类存放区内应设置废旧纸品区、废旧金属区、塑料区、废旧玻璃区等分区标识，如有条件也可设置大件垃圾暂存处。

传统资源回收站

智能化资源回收站

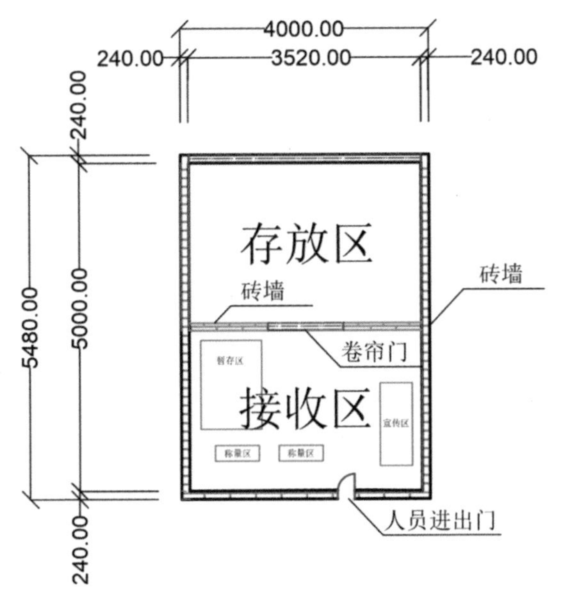

再生资源回收站平面布置举例

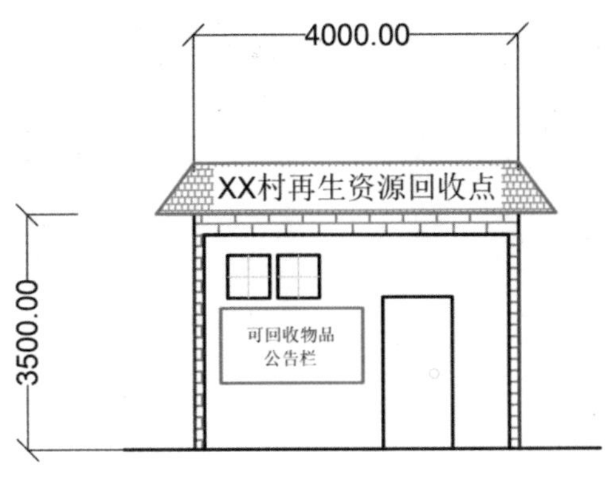

再生资源回收点立面布置举例

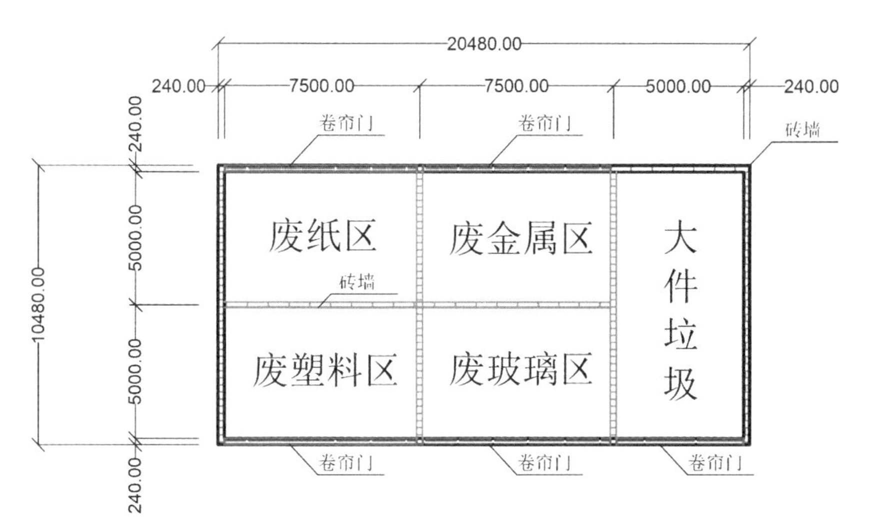

再生资源站分区举例

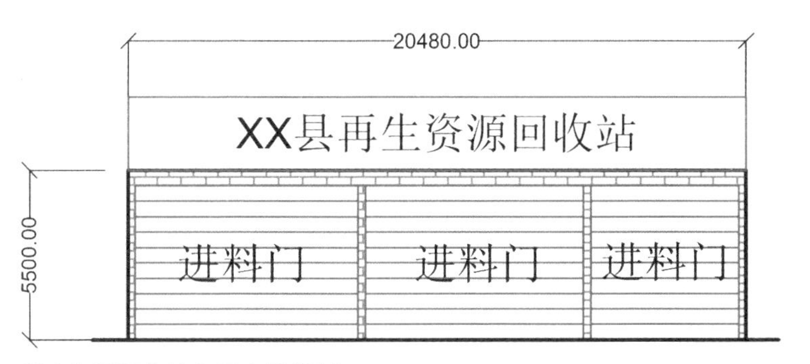

再生资源回收站立面布置举例

（六）农村生活垃圾收运车辆

1. 人力车

人力车成本相对较低，适合于短距离的垃圾清运，人力收集车一次作业的行驶距离不宜大于 5km。

人力垃圾清运车

2. 电瓶车

相较于人力车而言，电瓶车成本较高，适合于较长距离的运输。

垃圾清运电瓶车

3. 密封机动收运车

机动带厢斗的车辆。

收集路线长、道路高差大、收集量大时宜采用机动车辆。

密封机械转运车

农村生活垃圾分类处理示意图

根据农村生活垃圾分类情况，不同类别垃圾应采用不同技术处理：

（1）可卖垃圾

回收再利用，以村镇为单位统一收集管理，一般运往村外，由当地供销社或资源回收企业负责处理。

可卖垃圾统一收集运送

（2）可烂垃圾

就地处理。主要技术有阳光堆肥房、可烂垃圾堆肥处理机、小型发酵桶、沼气池协同处理。

阳光堆肥房

可烂垃圾集成处理机

发酵罐

沼气池协同处理

（3）煤渣灰土

尽量不出村处理，具体方法如下：

①分散消纳：日常煤渣和清扫灰土量不大时，可由农户自行在房前屋后的洼地填坑或平整路面。

②集中处理：煤渣和清扫灰土量较大、农户自身难以消纳时，宜由乡镇或村委会指定地点堆放，集中收运后，可用于铺路填坑、制砌块砖或生产水泥的辅料。

煤渣灰土制砖

（4）有害垃圾

①有资质企业专门处理：有害垃圾应委托有危险废物处理资质的企业负责处理，这些企业的名录可到当地环境保护管理部门查询。

②临时性贮存：县城内无专门处理设施时，可由乡镇或村委会按相关要求临时贮存。

有害垃圾焚烧厂

有害垃圾临时贮存仓库

（5）其他垃圾：应进行运送至卫生填埋处置或由焚烧厂集中处理。

垃圾填埋场

垃圾焚烧厂

2. 不适用的处理方式

村镇适用的生活垃圾处理技术应满足“技术成熟、经济可行、环保达标、资源回收”的原则。

农村生活垃圾处理严禁无分类、自焚烧、乱倾倒等处理方式。

严禁采用下列方式处理农村生活垃圾。

无污染控制简单填埋

随意露天堆放

倾倒河内

就地焚烧

在垃圾房内焚烧

（二）可烂垃圾处理设施

1. 小型户用堆肥发酵器

对于农户分布较为分散的农村，可采用“庭院堆肥”模式，居民家中配备小型户用发酵器，将可烂垃圾在自家院子进行处理，发酵后产品可用于庭院种植。

小型户用发酵箱

2. 阳光堆肥房

将可烂垃圾放置在密闭阳光房中，利用太阳能采光板辅助加温，垃圾腐熟后形成有机肥，可供土壤改良等。单村堆肥房的建设投资在 10 万元左右。

阳光堆肥房俯视图

阳光堆肥房外形

操作注意事项

【案例】某乡常住人口 8000，折算日均可烂垃圾处理量 2700 kg/d，阳光房单仓内部尺寸 3.3m（长）×2.8m（宽）×2.7（高）m，计 25m^3，设置 10 仓可满足日常处理需要。

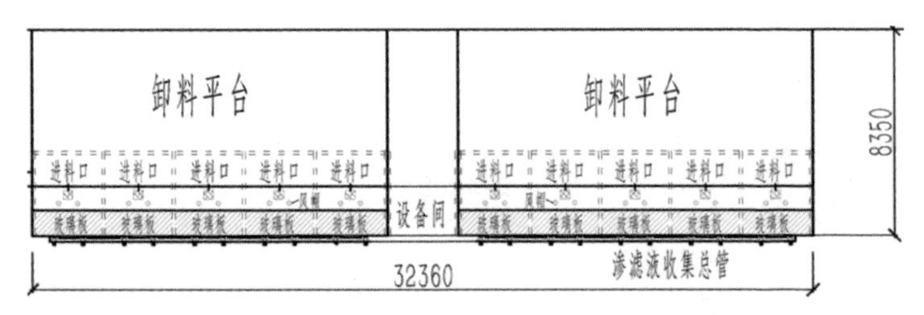

阳光房总平面布置图

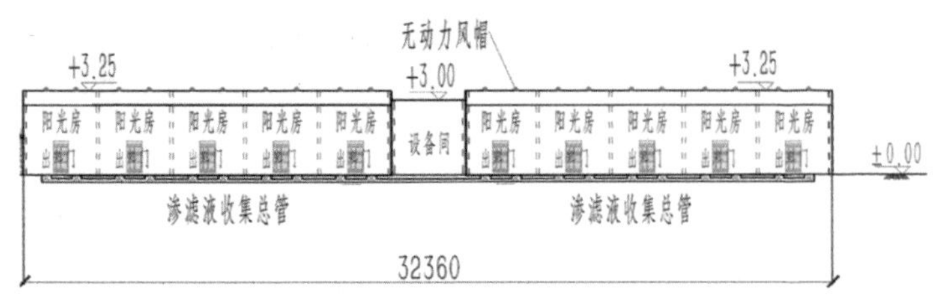

阳光房总体立面图

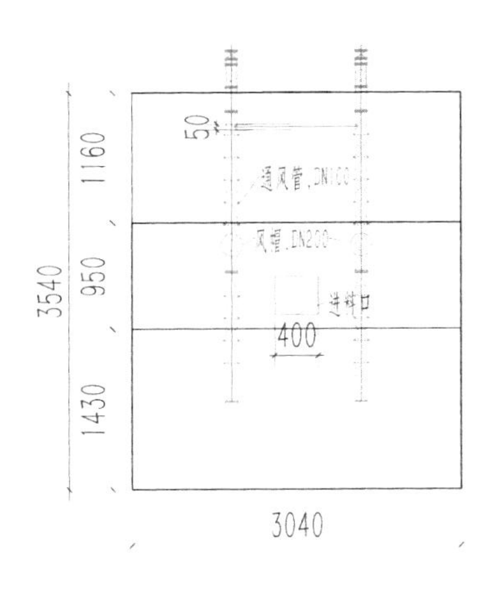

阳光房单仓俯视图

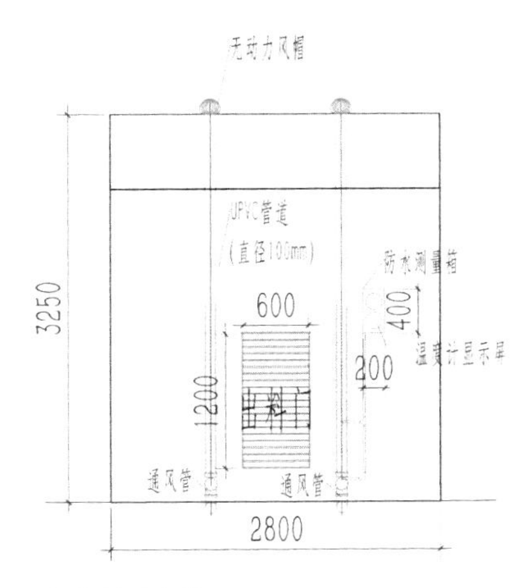

阳光房单仓侧视图

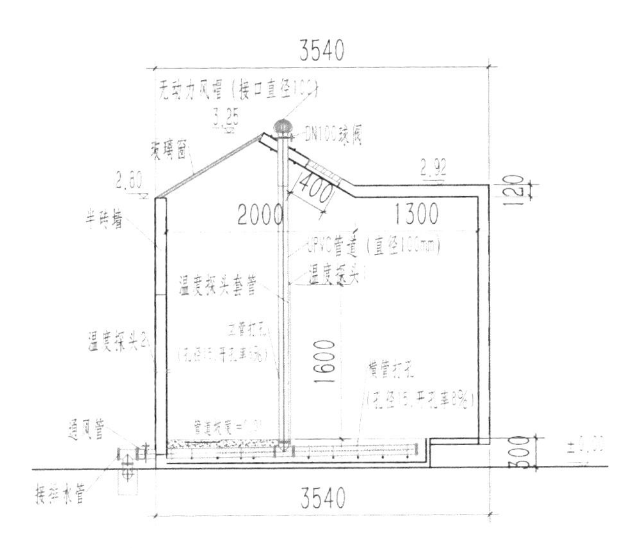

阳光房单仓立面图

3. 可烂垃圾厌氧发酵设施协同处理

农村大量存在的户用沼气池，可以协同处理可烂垃圾。

将可烂垃圾投入沼气池进行处理，产生的沼气可用作燃料，剩余的沼液和沼渣可灌溉农田或作为土壤改良剂。

常见农村户用水压式沼气池如图所示。

最适于沼气池协同处理的可烂垃圾为厨余果皮类，但应预先充分破碎，以免影响沼气池的搅拌和循环效果。

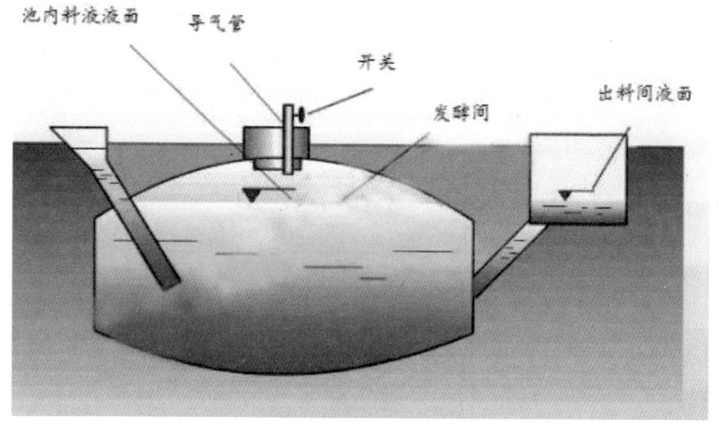

水压式沼气池

四　农村生活垃圾处理设施管护机制

（一）运行管理模式

农村生活垃圾处理设施管理主要有农村自治管理和专业机构管理两类模式，各地应根据设施技术特征和实际条件选择管理模式，指导建立农村生活垃圾收集运输和处理任务市场化招标机制，组织运行队伍，形成农村生活垃圾处理设施长效运行的管护保障。原则上以县级市（区）为主体，进行“统一运行、统一管理”。

（1）农村生活垃圾收集设施和村内收运容器、车辆的管护和运行，可以采用农村自治组织和委托专业机构运行的方式。

（2）农村生活垃圾村内就地处理设施的管护，宜委托专业机构实施，与农村内收集协同运行。

（3）农村生活垃圾装载点、清运车辆、转运站等村外运输设施，应委托专业机构实施，与农村内收集衔接运行。

农村生活垃圾处理设施管护和运行责任单位，应建立管

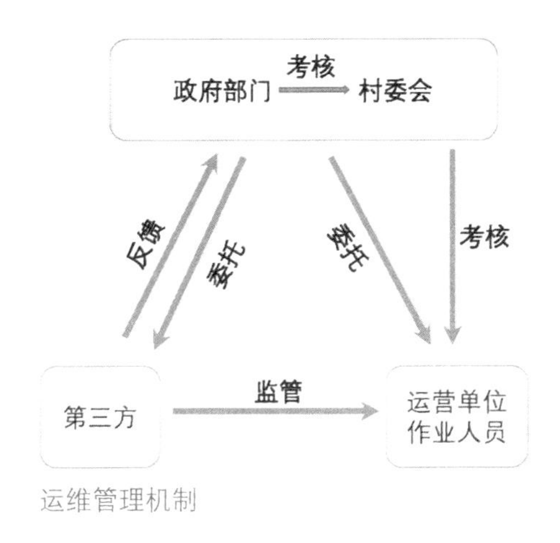

运维管理机制

护和运行工作规程，明确日常巡查、定期检查及整体养护工作。发现问题及时解决。

（二）管护要点

1. 农村生活垃圾村内收运设施

（1）收集容器

单户和多户用收集容器均应规定使用周期，定期检查完整性，对于正常使用损耗或达到规定使用周期的容器应及时更换；人为损坏收集容器的应照价赔偿，累犯者应予以罚款处罚，相关规定应载入村规民约。

收集容器应在垃圾收运后予以保洁，单户和多户用收集容器的保洁分别由农户和收集人员负责。

（2）收集点和装载点

多户收集点和农村生活垃圾装载点应在每次垃圾清运后及时保洁，定期检查设施的完整性。

（3）收运车辆

农村生活垃圾收运车辆应每次垃圾清运后及时保洁，按照车辆保养规定进行行驶性能维护。

（4）再生资源回收点

再生资源回收点应由专人负责，定时或约期提供回收服务。

2. 农村生活垃圾处理设施

（1）阳光堆肥房

应按操作要求投料，投料后应进行保洁；每天应对阳光房周边进行巡视，检查有无液体溢出，各种管道是否通畅。

阳光房应定期出料，出料完毕后，应对阳光房内部各种装置予以检查和维护。

（2）其他设施

农村内其他生活垃圾处理设施包括，户用发酵器、协同处理可烂垃圾的户用沼气池等。其中，户用发酵器或沼气池设施应建立电信和网络远程技术支持通道，指导村民进行操作和维护。

（三）村民参与

农村生活垃圾处理必须有村民参与，主要的参与内容包括：

1. 按要求投放生活垃圾

村民应按当地垃圾收集和分类的要求，在指定场所、时间和分拣类别投放垃圾。

2. 参与生活垃圾治理管理

村民应积极参与当地垃圾治理方法的宣传和讨论，参与将垃圾收集和分类要求纳入村规民约的活动。

3. 自觉爱护农村生活垃圾收集和处理设施

村民应自觉爱护各类收集和处理设施，制止各种损坏设施的行为，宣传正确的垃圾投放方法。

为了保证村民参与农村生活垃圾处理，当地各级党政和自治组织应该组织实施农村生活垃圾处理宣传，使村民了解参与生活垃圾处理要求和正确的操作方法。